AF470179

CULTURE

DU

TABAC

EN FRANCE

ET PARTICULIÈREMENT DANS LES BOUCHES-DU-RHONE

Par Albert DE BEC.

DEUXIÈME ÉDITION.

AIX

IMPRIMERIE J NICOT, COURS, 55.

1875.

CULTURE

DU

TABAC

EN FRANCE

ET PARTICULIÈREMENT DANS LES BOUCHES-DU-RHONE

Par Albert. DE BEC.

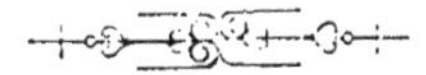

DEUXIÈME ÉDITION.

AIX

IMPRIMERIE J. NICOT, COURS, 55.

1875.

PRÉFACE

DE LA DEUXIÈME ÉDITION.

—

La pensée mère qui avait dicté les pages rapides de cette petite brochure, en se répandant avec elle dans le public, a donné l'essor à un mouvement sérieux des populations agricoles des Bouches-du-Rhône dans là voie de la défense de leurs intérêts menacés.

Les communes qui plantent le tabac se sont concertées et ont décidé l'envoi de deux pétitions, l'une au maréchal de Mac-Mahon, président de la République, et l'autre au ministre des finances pour obtenir la conservation d'une culture qui est à la veille de disparaître et l'autorisation de planter le tabac pour la poudre.

Les conseils municipaux ont, de leur côté, appuyé ces pétitions par des votes fortement motivés et dont les considérants font valoir la situation précaire des populations agricoles et les injustes vexations dont elles sont la victime.

Tout fait donc espérer que notre département devra à l'énergique attitude de ses enfants, non moins qu'à l'appui de son premier administrateur et à sa haute influence, d'échapper à ce nouveau malheur qui ajouterait à la détresse croissante de nos campagnes.

Si cet heureux résultat est obtenu, l'auteur s'estimera largement récompensé de ses peines, car sa plus douce consolation sera de n'avoir pas été inutile à son pays.

Aix, le 1ᵉʳ août 1875.

AVANT-PROPOS

C'est principalement dans le moins de janvier que les planteurs de tabacs viennent apporter dans les magasins de la régie les produits de leur récolte. Alors se fait l'expertise qui donne lieu à la classification en vertu de laquelle le planteur est payé par l'Etat, selon la valeur de sa marchandise.

Nous avons donc pensé qu'aucun moment n'était propice comme celui-ci, pour traiter la grande question de la culture des tabacs dans notre contrée.

Entre le producteur qui d'une part se récrie

contre les rigueurs de la régie, le mauvais accueil qui est fait à ses produits et le classement inférieur de ses *manoques*, entraînant pour lui des pertes souvent considérables de temps et d'argent, et de l'autre, l'administration qui argue de l'infériorité de nos tabacs, notre but est de rechercher impartialement et froidement où se trouve la vérité. Nous avons donc entrepris cette étude uniquement dans l'intérêt de notre pays.

Nous dédions ces lignes particulièrement aux planteurs provençaux. Nous souhaitons qu'elles leur soient de quelque utilité en apportant de l'amélioration à la situation qui leur est faite ; et puissent-ils quelque jour assister enfin au retour de la prospérité des anciens temps.

Aix, 15 janvier 1875.

CULTURE DU TABAC

EN FRANCE

ET PARTICULIÈREMENT DANS LES BOUCHES-DU-RHONE

---

1. Historique de la culture du tabac en France.

Le tabac est une plante appartenant à la famille des solanées, originaire du Nouveau-Monde.

Le mot *tabac* en espagnol *tabaco*, vient, selon les uns, des dialectes américains et aurait été employé dans les Antilles pour désigner la nicotiane.

Selon d'autres, il est dérivé, soit de la province de *Tabasco* au Mexique, soit de l'île de *Tabago*, appartenant au grouppe des petites Antilles, où la plante aurait été découverte en 1560.

Quoi qu'il en soit, c'est Jean Nicot, seigneur de Villemain, né à Nîmes et ambassadeur de François II en Portugal, qui reçut à Lisbonne, d'un marchand flamand, les premières graines de tabac qui furent semées en France. Il cultiva cette plante dans son jardin et en fit plus tard cadeau à la reine-mère Catherine de Médicis ; de là vint le nom d'*herbe à la reine* et de *catherinaire* qui fut donné au tabac ainsi que celui de *nicotine*, dérivé de celui de son introducteur dans nos régions tempérées.

La culture de cette précieuse solanée se répandit bientôt, avec des succès divers, dans les différentes contrées de l'Europe, où les gouvernements et la médecine lui furent plus ou moins opposés ; mais c'est particulièrement dans le midi de la France et notamment dans le Comtat Venaissin et dans la Provence qu'elle devint prospère et offrit à l'agriculture un produit des plus rémunérateurs.

Durant deux siècles notre pays a fourni un tabac plus estimé et plus recherché que celui de toutes les autres contrées et le commerce s'approvisionnait largement chez nous. Ce sont surtout les Hollandais qui enlevaient nos produits. A cette époque, de nombreuses usines étaient occupées dans le midi à la fabrication du tabac indigène, dont les variétés s'étaient accrues et améliorées par une intelligente culture.

Les livres du temps nous apprennent quelles étaient les principales qualités de nos tabacs. Ils avaient en première ligne la propriété d'être gommeux, ce qui les rendait supérieurs à tous les autres ; mais aujourd'hui la régie est venue avec des théories nouvelles et a déclaré qu'elle ne voulait plus de tabac ayant la gomme. Il est pourtant reconnu par tous les vrais connaisseurs que le tabac non gommeux n'est plus qu'une feuille sans arome, dépourvue de saveur et de goût.

Toujours est-il que la culture du tabac progressa rapidement jusqu'en l'année 1810. A cette date, Napoléon 1er décréta, le 22 décembre, le monopole au profit de l'Etat, et les particuliers virent fermer leurs fabriques et ne reçurent pour toute indemnité qu'un bureau de revente au détail.

Un des derniers titulaires des bureaux obtenus à cette époque, est décédé il y a peu d'années. Nous voulons parler de notre compatriote M. Lantelme, qui était un des plus anciens et des plus honorables fabricants de tabacs avant le monopole.

Malgré l'exercice du nouveau régime, la culture fut maintenue en Provence et nos produits, constamment reçus avec faveur par l'administration jusqu'en 1836, n'avaient perdu ni leur réputation, ni leurs qualités.

La révolution de 1830 en ouvrant à M. Thiers le chemin des grandeurs, inaugura, au contraire, pour l'agriculture du pays de l'ancien rédacteur du *National*, qui devint ministre de Louis-Philippe, une période de crise douloureuse.

En effet, la culture du tabac, qui avait prospéré d'une façon extraordinaire dans notre région durant la période de cent soixante-dix ans, et avait sans cesse produit des qualités supérieures, fut tout à coup déclarée, en 1836, inférieure à celle des autres pays et, par suite, impropre à notre région. En conséquence, nos départements méridionaux se virent, sans autre forme de procès, frappés dans leur prospérité et condamnés à ne plus pratiquer une industrie au développement de laquelle ils avaient contribué plus que tous les autres et qui allait devenir une mine d'or pour l'Etat.

Ce fut seulement en 1852 que Napoléon III fit cesser le grave préjudice que subissaient nos populations agricoles, en autorisant d'abord la culture à *titre d'essai*. La supériorité de nos produits fut rapidement constatée, et en 1857 on accorda la culture d'une manière définitive pour l'arrondissement d'Aix.

Enfin, en 1862, le jury de l'exposition universelle de Londres tranchait d'une manière solennelle et définitive le débat relatif à la qualité de nos tabacs, aujourd'hui de nouveau si fort contestée par la régie, et leur rendait un hommage impartial en les classant spontanément parmi les bonnes qualités.

Le rapport de M. Barral est aussi concluant que possible sur ce point important et rend hommage aux bons procédés des planteurs.

Nous terminerons cet aperçu historique en donnant le nom des départements où la culture est actuellement autorisée.

Ces départements sont les suivants : Alpes-Maritimes et Var, Bouches-du-Rhône, Dordogne, Gironde, Ille-et-Vilaine, Landes, Lot-et-Garonne, Meurthe, Nord, Pas-de-Calais, Hautes-Pyrénées, Haute-Saône, Savoie, Haute-Savoie, enfin l'Algérie et la Corse où la culture est libre.

II. LA CULTURE ET LE MONOPOLE.

§ I.

Ainsi un fait est reconnu et reste bien établi ; c'est que le tabac de Provence a toujours été très-recherché et très-estimé avant le monopole et que, depuis cette époque, les hommes compétents et impartiaux, tels que le chimiste Barral, lui ont donné les éloges qu'il mérite.

Bien plus, depuis que la pipe est en honneur, et elle l'est tous les jours davantage, la nature de nos produits a été constamment reconnue par les vrais amateurs comme indispensable pour ce genre d'emploi : les autres tabacs pouvant offrir des spécialités pour le cigare, mais ceux de Provence ayant un arome plus particulièrement agréable dans la pipe.

Vainement la régie se rejette-t-elle sur l'excès de gomme qui les caractérise. Elle sait fort bien que les tabacs des pays chauds sont tous gommeux et elle connaît mieux que tout autre le moyen d'enlever l'excédent, lorsqu'il y en a, en faisant subir un léger lavage aux feuilles.

Battue sur ce point, la régie, dans le but de poursuivre son système de dépréciation, reproche à nos produits d'être incombustibles. Cette nouvelle accusation ne soutient même pas l'examen ; car nous demandons alors comment, malgré ce vice essentiel, nos manoques ont toujours été mieux payées par le commerce que celles des autres provenances ; et, actuellement encore, quel avantage trouverait la contrebande à acheter des feuilles qui ne seraient pas combustibles ?

Poussée jusque dans ses derniers retranchements et à bout d'arguments, l'administration, pour faire supprimer la culture dans les Bouches-du-Rhône, se plaint de l'excès de la contrebande.

Cette dernière objection, nous l'examinerons dans la suite de ce travail. Mais auparavant, nous allons poursuivre notre étude sur la culture du tabac et ses luttes avec le monopole.

Ainsi, la supériorité de nos produits, en te-

nant compte des bons procédés de nos cultivateurs, tient à la nature de notre sol non
moins qu'à l'influence du climat.

Pour les plantations faites à l'arrosage dans
les terrains profonds et fertiles de nos vallées
et de nos plaines, rien ne laisse à désirer sous
le rapport du développement des feuilles, de
leur poids et de leur bonne qualité.

Quant aux tabacs cultivés dans les terres où
l'arrosage est impraticable, ils gagnent en
arome et en saveur ce qu'ils perdent comme
développement et constituent une qualité
vraiment excellente dont la régie n'apprécie
ni la valeur ni les avantages. Elle bénéficie,
en effet, de leur supériorité, au détriment du
planteur, comme nous le verrons dans la suite,
car l'administration ne paie que d'après le
poids, sans tenir un compte suffisant de la nature de la marchandise.

Mais si tous les tabacs viennent bien en
général dans notre région, aucune variété n'a
prospéré chez nous et n'est rémunératrice, par
son poids, comme celle à feuilles grandes et
épaisses provenant de Lille-en-Flandre, dont
on se sert pour faire la poudre à priser. Nul
département ne peut rivaliser avec le nôtre pour
la supériorité de cette espèce, et, chose étran-
ge, ceci est reconnu sans conteste par la régie
elle-même, ce qui n'empêcha pas qu'en 1836
la culture fût tout à coup supprimée sans mo-

tifs sérieux. Le département du Lot, grâce à certaines intrigues politiques, bénéficia alors de la mesure arbitraire dont nous étions la victime, en recevant à notre place l'autorisation de planter le tabac pour la poudre.

Le tabac noir de Virginie était également cultivé avec succès à l'époque dont nous parlons, mais celui de Lille lui était généralement préféré.

Lorsque la culture fut rendue au département des Bouches-du-Rhône par un décret en date du 26 juillet 1852, et ordonnancée par un règlement du 8 décembre de la même année, il y eut, dans le pays, comme un renouveau et tout le monde s'empressa de se faire inscrire pour obtenir l'autorisation de planter. On croyait que le gouvernement, ayant voulu rendre justice à nos contrées en leur restituant une culture si renommée sous notre climat, maintiendrait sa protection contre les agissements de la régie.

L'illusion ne fut pas de longue durée.

Ce fut seulement quatre ans plus tard qu'un décret en date du 13 octobre 1856 accorda l'autorisation définitive de planter 110 hectares en principal, sans compter le cinquième en sus toléré par la loi. Le tout devait fournir un contingent de 150,000 kilogrammes.

Dans la répartition des hectares concédées, 105 étaient dévolus à l'arrondissement d'Aix et 5 à celui d'Arles.

Il faut néanmoins observer qu'on ne revint qu'en partie sur la décision de 1836 et notre pays ne put jouir comme auparavant de l'autorisation de planter le tabac pour la poudre.

Dès le commencement de 1853 on avait fait des semis de diverses variétés : du Bas-Rhin, du Pas-de-Calais, du Chibly et mille-feuilles.

Celle qui fut généralement le plus cultivée pendant la première année fut le Bas-Rhin, qui réunissait toutes les conditions recherchées du cultivateur : longueur, largeur, pesanteur, et qui prenait une belle couleur au séchoir.

Le pointu ou Pas-de-Calais a les feuilles longues, assez épaisses, mais sans largeur ; cette variété serait encore estimée du planteur parce qu'à l'époque de la livraison, au mois de janvier ou février, elle craint moins la dessiccation sous l'action du mistral. Le Chibly et le mille-feuilles sont des variétés à feuilles étroites, longues, souples, mais pesant peu.

Malheureusement, ce fut cette dernière variété que la régie adopta définitivement en prétendant que la qualité du Bas-Rhin n'est pas combustible.

Les planteurs résistèrent pendant quelque temps à adopter le mille-feuilles parce que ce tabac se brise facilement par les vents, qu'il donne beaucoup de déchet à la manipulation et point de poids à la vente. Mais enfin il fallait se soumettre et la régie aggrava encore la situation de la culture en refusant désormais l'autorisation d'exploiter des semis à tous ceux qui ne feraient point de plantations, hormis quelques privilégiés chez qui elle obligea les planteurs à aller s'approvisionner.

Dès l'année 1853, le prix du tabac avait été fixé ainsi qu'il suit :

1re qualité, les 100 kilog. . . 115 fr.
2me   id.   . . . 85
3me   id.   . . . 55

Tabas non marchands, de 50 à 10 francs, en descendant de 10 en 10 francs. Le surchoix était payé 125 francs.

En 1854, on demanda, par l'organe du conseil général, que les prix de 1820 fussent rétablis, bien que la valeur de l'argent ait, depuis cette époque, sensiblement baissé, tandis que le coût des journées d'hommes et les frais généraux d'exploitation s'étaient, en sens contraire, considérablement accrus.

Les prix sollicités étaient donc ceux-ci :

1re qualité, les 100 kilog. . . . 140 fr.
2me. . . . id. 100
3me. . . . id. 70
4me. . . . id. 50

Il y avait dans ces prétentions d'autant moins

d'exagération, que nous voyons l'administration payer les premières qualités dans le département du Lot 140 francs, les deuxièmes 110, les troisièmes 80, et les tabacs de l'Algérie les plus similaires aux nôtres, 150 francs, 120 francs et 90 francs.

L'administration accorda plus tard les prix suivants :

1re qualité, les 100 kilog. . . . 130 fr.
2me . . . id. 100
3me . . . id. 80

Non marchands de 60 à 10 francs et le surchoix 10 francs en sus de la première qualité.

En ce moment les planteurs croyaient avoir obtenu une amélioration à leur sort, mais l'administration ne leur laissa pas longtemps l'espérance de voir leurs peines mieux récompensées, car si l'on augmenta le prix du tabac, on remplaça le Bas-Rhin par le mille-feuilles et, par suite, on diminua le poids de la production.

En vain les directeurs de manufactures prétendaient prouver au cultivateur qu'en augmentant la quantité des plantes, ils arriveraient au même poids et pareraient à tout déficit. Au lieu de 25,000 pieds de tabac à l'hectare, on en planta 32,000 de la nouvelle variété : mais l'administration avait compté sans la pratique et celle-ci a toujours le pas sur la théorie.

Aussi, malgré ses lumières spéciales que nous ne voulons pas contester, la régie ne comprit pas que ce changement augmentait d'un tiers les frais pour le repiquage, l'ébourgeonnement, la cueillette des feuilles, l'emmanoquage, sans compter que les pertes et les déchets sont plus considérables lorsque l'on opère pour la même valeur sur un plus grand nombre de feuilles et que celles-ci sont, en outre, de peu de consistance, ne résistant pas au vent ni aux différents travaux de manipulation.

En un mot, avec la nouvelle espèce imposée par la régie, on eut — nous entendons parler seulement de la grande culture — au lieu d'un produit de 1,200 à 1,500 kilog. par hectare, un maximum de 800 kilog., dont le prix de revient était accru d'un tiers par l'augmentation de la main-d'œuvre. (1)

A ce premier mal, qui aggravait d'une façon si sensible la situation du planteur, s'en joignit un second, qui n'a fait qu'augmenter de jour en jour, au point de rendre intolérable la situation de l'honnête et modeste travailleur qui veut retirer du sol les moyens de subvenir à l'entretien et à l'éducation de sa famille et contribuer, pour sa part, au paiement des charges de l'Etat.

---

(1) Voir les dépositions de l'*Enquête agricole* pour les Bouches-du-Rhône.

§ 2.

Il est difficile de comprendre comment la régie qui est, avant tout une administration française qui achète le tabac avec l'argent du ministère des finances, provenant des contribuables français, n'ait pas voulu favoriser principalement la culture indigène et qu'elle ait au contraire toujours abaissé la moyenne de ses prix pour les tabacs du pays, tandis que les feuilles exotiques sont achetées à un taux entièrement différent.

Ici, quelques considérations rapides sur l'effet funeste du monopole relativement au développement de la culture et de la richesse nationales, ne seront pas déplacées.

C'est une grande erreur de croire que l'absence de liberté et la réglementation à outrance puissent ne pas préjudicier gravement à des choses qui, comme l'agriculture et le commerce, dépendent entièrement de l'initiative et de la responsabilité individuelles. de l'usage, de l'expérience et ont surtout à redouter l'influence des vaines théories.

Nous avons vu le fatal effet du monopole sur le développement de la culture en Provence: il en a été partout de même dans les autres provinces et notamment en Alsace. Cette riche contrée livra à elle seule dans l'année 1809, 15 millions de kilog. provenant de la récolte de 1808 ; et, depuis l'établissement monopole, si nous parcourons la statistique officielle publiée par la direction des manufactures de l'Etat, il nous faut descendre jusqu'à l'année 1855 pour trouver dans toute la France une production qui atteigne le même chiffre de 15 millions de kilogrammes !...

Par suite, les Alsaciens déclarèrent, à cette époque, au gouvernement « que l'influence funeste du monopole sur cette partie des richesses nationales faisait concevoir de telles alarmes sur la perpétuité de la culture, que *le prix des terres y était tombé de 1,200 francs à 600 francs.* »

En vain objectera-t-on que la régie était dans la nécessité de limiter la production du tabac indigène aux besoins de la consommation en France.

Cette raison a plus d'apparence que de fondement, car dès lors que l'Etat entreprenait l'accaparement d'une denrée, il devait du même coup se faire négociant pour la vente à l'étranger des excédants de production, sous peine de porter une atteinte sérieuse à la prospérité nationale qui s'accroît par l'exportation (1).

---

(1) La loi de 1816 règlementant l'exercice du monopole, permettait aux départements autorisés pour la culture des

En foulant aux pieds cette règle élémentaire d'économie politique, le monopole a privé le pays de capitaux énormes que les peuples voisins auraient, par la liberté des transactions, apportés chez nous.

Le second abus qui est résulté du monopole est inhérent au fonctionnement d'une administration où l'acheteur est tout à la fois juge et partie.

La régie, étant assurée de n'avoir point de concurrent pour l'achat des tabacs indigènes. n'a eu qu'un objectif en vue. celui de les avoir au plus bas prix possible, sans se rendre un compte suffisant des justes doléances des cultivateurs.

Ici se place une objection.

L'Etat, dira-t-on. a veillé avec sollicitude à ce que les intérêts des planteurs fussent sauvegardés par l'influence des experts qui doivent défendre le producteur.

En effet, sur les cinq membres de la commission d'expertise nommés par le préfet pour la réception des tabacs, deux sont pris dans la

---

tabacs destinés aux manufactures de l'Etat, de faire aussi des plantations pour l'exportation.

Mais les planteurs ayant à se heurter à deux difficultés majeures. l'excès de la réglementation et le manque des débouchés, par suite des entraves apportées par le gouvernement, la licence accordée par la loi ne fut qu'une protection illusoire et sans effet pour les intérêts du pays.

régie : l'entreposeur et le contrôleur du magasin, et les trois autres doivent représenter les planteurs.

Mais cette institution est entachée d'un vice d'organisation qui, à lui seul, suffit pour enlever aux experts leur liberté d'action et d'appréciation, et qu'il est de la plus haute importance de signaler à la justice du gouvernement, pour qu'il s'empresse d'y apporter remède.

Les experts sont payés par les planteurs, car l'administration prélève, sur chaque kilog. de tabac livré, 1 centime, ce qui met entre les mains de l'admistration des sommes énormes qui dépassent infiniment les frais d'expertise ; cependant, les 10 francs qu'ils reçoivent par jour, ils ne les reçoivent pas directement des planteurs, mais par l'intermédiaire obligatoire de la régie, à laquelle ils doivent leur nomination et dont ils ont intérêt à se ménager les bonnes grâces pour être encore désignés l'année suivante.

Aussi a-t-on vu constamment les experts faire cause commune avec les employés, ne pas oser élever la voix pour sauvegarder selon leurs obligations et selon la pensée du législateur, les intérêts de ceux dont ils reçoivent les deniers pour les défendre (1) et même,

---

(1) Voici comment s'opère, chaque année, le choix des feuilles types devant former trois classes d'échantillons qui servent de guides pour estimer les produits.

faire du zèle en décriant avec leurs collègues
de l'administration la marchandise apportée
par le planteur, sans que celui-ci ait la possi-
bilité de présenter la moindre observation, ni
de faire la moindre plainte, ni d'invoquer,
dans la plupart des cas, l'intervention de juges
plus désintéressés !...

En conséquence, nos produits ont été, sous
la pression administrative, classés d'années en
années à des prix toujours plus bas, à tel point
qu'au ministère des finances on s'est demandé
s'ils étaient réellement assez bons pour qu'on
maintînt l'autorisation de continuer la culture.

Quand celle-ci nous fut rendue, les prix
moyens de vente variaient entre 1 franc et
90 centimes. Puis ils ont pris une voie des-

En vertu de l'article 35 du règlement général, aussitôt
que la récolte a éprouvé sa première dessiccation, qu'elle
peut-être emmagasinée sans risques d'avaries et que l'époque des réceptions a été fixée, on fait préalablement opérer au magasin, par un certain nombre des meilleurs
planteurs dont les récoltes ont particulièrement bien
réussi, la livraison de leurs produits.

Alors les experts choisissent sur ces tabacs les bottes de
plus belle apparence, et parmi ces bottes ils extraient les
manoques de qualité supérieure ; enfin, de celles-ci ils
prennent les feuilles les plus remarquables.

On le voit, c'est avec le surchoix du surchoix qu'ils
forment leurs échantillons qui devront servir de types
pour classer toute la récolte.

Une pareille manière de procéder est essentiellement
contraire à la pratique commerciale qui établit avec raison les groupes de catégorie de toute espèce de marchan-

cendante qui ne paraît pas devoir s'arrêter de sitôt et suppose dans l'administration un parti pris contre lequel rien ne peut réagir. On dirait même que la régie, à en juger d'après sa persistance à déprécier le tabac indigène et son empressement à s'approvisionner à l'extérieur, trouve plus commode et plus lucratif de négocier des achats à l'étranger, que de travailler au développement de nos cultures pour lesquelles elle ne témoigne aucune sympathie.

§ 3.

Les plaintes de l'agriculture contre les agissements de la régie paraîtront d'autant

---

dise sur une moyenne de qualité et non pas d'après un type isolé, d'une perfection extraordinaire.

Elle est contraire aussi à la vérité, car il est de fait qu'avec ce système de sélection, les meilleurs planteurs qui ont fourni les feuilles types, sont impuissants eux-mêmes à offrir seulement deux manoques égales aux feuilles de surchoix qui ont été prélevées sur toute leur marchandise.

C'est aux deux principaux planteurs appelés au commencement de chaque année à la préfecture pour émettre leur avis sur les modifications concernant le règlement, qu'incombe le devoir de protester énergiquement contre une pareille manière de procéder, jusqu'à ce qu'ils aient obtenu la révision de cet article. Mais malheureusement cette pratique de l'appel des deux principaux planteurs de l'arrondissement de culture, n'a été jusqu'ici qu'une vaine formalité administrative.

mieux fondées que nous aurons établi le bilan de nos planteurs dans les conditions qui leur sont actuellement faites.

Il résulte des travaux de l'Enquête agricole de 1866, que les frais moyens de la culture d'un hectare de tabacs, s'élèvent, dans les Bouches-du-Rhône, à 2,050 francs environ, y compris tous les travaux de séchoir et de manoquage. Si l'on déduit de ces frais généraux la vente des sorghos placés pour abris, ainsi que les débris de sorghos, racines et tiges de tabac ayant une certaine valeur comme engrais, on trouve que la dépense est environ de 1,550 francs.

Quel est cependant le rendement d'un hectare ?

La variété du Bas-Rhin produit dans les bons fonds une moyenne de 1,550 kilog., que l'on devra vendre à un prix moyen de 1 franc, si l'on veut pouvoir équilibrer la dépense par la recette.

Mais avec l'espèce du mille-feuilles imposée par la régie, on ne peut guère obtenir qu'une moyenne de 800 kilog. qu'il faudrait vendre à 1 fr. 93,80 le kilog. pour rentrer seulement dans les débours de la culture et de la manipulation.

Or, si nous prenons les comptes de la direction générale des manufactures de tabacs pour l'année 1869 par exemple, nous trouvons les chiffres suivants, concernant l'arrondissement d'Aix :

Quantités nettes livrées, donnant lieu à paiement : 120,619 kilog. qui ont été classés ainsi :

Surchoix :   49 k. payés à 1 fr. 40 le k.
1" qualité :   1,881 »   »   1 » 30   »
2°   »   7,766 »   »   1 »   »
3°   »   37,834 »   »   0 » 80   »
Non march. : 73,089 »   » à des prix variant depuis 0 fr. 60 c., jusqu'à 0 fr. 10 c., donn. une moyenne de 0 fr. 43,16.

(annotation verticale : prix moyen général C fr. 59.77)

Il résulte donc de ces documents, qu'étant admise la dépense générale pour un hectare, il y a environ un déficit de 1 fr. 34,03 par kilog. de tabac, ce qui constitue, pour l'ensemble des 120,619 kilog. livrés à la régie par les planteurs, une perte de 161,665 fr.

Celle-ci est bien plus considérable si l'on considère le classement de l'année suivante. Voici, en effet, ce que nous trouvons dans les comptes de 1870 :.

Quantités nettes, donnant lieu à paiement 110,536 kilog., qui ont été répartis de la manière suivante :

— 27 —

Surchoix :   28 k. payés à 1 fr. 40 le k. prix moyen général 0 fr. 55,16
1re qualité : 1,531 »   »   1 » 30   »
2e   »   6,880 »   »   1 »   »
3e   »   30,742 »   »   0 » 80   »
Non march. : 71,355 »   » depuis 0 fr. 60 c.
                             jusqu'à 0 fr. 10 c ,
                             à une moyenne de
                             0 fr. 40,04.

La partialité qui se dévoile dans ces classi-
fications, est bien faite pour motiver les plaintes unanimes des planteurs ; car vraiment,
sur des quantités de plus de 110,000 kilog.,
comment admettre qu'avec des tabacs aussi
bons que ceux que nous voyons à l'entrepôt
d'Aix, et dont l'arome exquis séduit les employés eux-mêmes, il n'y ait eu que 28 kilog.
de surchoix et 1,531 kilog. de 1re qualité,
tandis que dans le Var, dont les produits sont
sous la même zône que les nôtres, on a coté,
la même année, sur 164,549 kilog. livrés donnant lieu à paiement : surchoix : 966 kilog.;
1re qualité : 21,229 kilog., etc.; moyenne des
prix : 0 fr. 79,69 le kilog.?

La proportion des surchoix et des premières
qualités est bien plus forte encore pour les
tabacs de la Haute-Savoie, dont on tient essentiellement à ménager la population nouvelle-
ment annexée. Voici la classification de 1870
pour l'arrondissement de Rumilly : Quantités
livrées donnant lieu à paiement : 418,131 kil.:

surchoix : 10,598 kilog.; 1re qualité : 29,657 kilog. ; 2e qualité : 115,505 kilog. , etc. Le prix moyen a été de 0 fr. 81,79 le kilog (1).

Il est vrai que l'arrondissement d'Aix, moins rigoureusement traité dans les cinq premières années qui ont suivi la reprise de la culture, a toujours eu depuis le triste privilége d'être le plus mal payé, et cette situation précaire va sans cesse en empirant, sans raison plausible. Cependant, il est bon de comparer la moyenne des prix de nos récoltes avec celle des autres départements. Plus d'une instruction ressortira de ce rapprochement.

Cette moyenne a été, en 1869, de 64 fr. 01 c. les 100 kilog. pour le tabac de Benfeld (Bas-Rhin); de 64 fr. 93 c. pour celui de Strasbourg, no 2 (Bas-Rhin); de 76 fr. 76 c. pour celui de Bordeaux (Gironde); de 80 fr. 58 c. pour celui de Nancy (Meurthe); de 95 fr. 56 c. pour celui de Tarbes (Hautes-Pyrénées); de 103 fr. 76 c. pour celui de Souillac (Lot).

On voit combien ces prix sont différents de ceux accordés aux Bouches-du-Rhône ; et pourtant, d'après le témoignage d'hommes sérieux et compétents, ils ne suffisent pas à

____

(1) Il en est de même pour les Alpes-Maritimes. La récolte de 1873 a produit dans ce département 43,495 kil., sur lesquels 43,465 kilog. ont donné lieu au paiement de 41,389 fr. 14 c., d'où il résulte que le prix moyen du kilog. a été de 0,95,22.

payer l'exploitation d'une façon rémunératrice ; car les frais de plantation d'un hectare
de tabac dans les départements du Nord, en
admettant des variétés plus lourdes que le
mille-feuilles et une humidité atmosphérique
favorisant davantage qu'en Provence le développement de la plante, ne se balancent guère
avec les recettes, dans l'état actuel, que par
un bénéfice illusoire d'une trentaine de francs.

Ainsi, pour aucune région la culture n'est
réellement rémunératrice, excepté pour le Lot
qui cultive la variété dont nous avions autre-
fois la spécialité.

Il faut noter en outre que dans ces chiffres
généraux nous n'avons pas fait entrer en ligne
de compte les tabacs rejetés et détruits par la
régie au moment de la livraison. Leur quantité s'est élevée dans notre arrondissement
seul, pour la culture de 1868, à 2,897 kilog.,
soit à 2 kilog. 31 0/0, et pour la récolte de
1869, à 5,713 kilog., soit à 4 kilog. 84 0/0,
tandis que dans le Var, la proportion était à
peine de 0 kilog. 27 0/0. En tenant compte de
ces déficits exorbitants, la moyenne de la
production du tabac n'est donc plus pour ces
deux années de 59 fr. 87 c. et de 56 fr. 16 c.
les 100 kilog., mais elle doit être portée bien
plus bas, ce qui atteste la détresse croissante
des planteurs.

§ 4.

A côté de ces prix d'achat des tabacs indigènes, nous allons mettre sous les yeux du lecteur ceux des produits étrangers acquis par la régie, durant cette même année 1869.

Mais auparavant, il faut faire observer que, contrairement au préjugé vulgaire, le tabac exotique n'est pas supérieur au nôtre, à part celui de la Havane, dont les feuilles sont indispensables pour la couverture des cigares de luxe. Bien plus, depuis que les manoques étrangères sont employées en si grande quantité dans la fabrication des cigares vendus par la régie, ceux-ci, au dire des amateurs ont perdu de leur qualité.

Au reste, notre pays, surtout depuis la conquête de l'Algérie, avec ses nombreuses variétés de sol et de climat, où se trouvent tous les degrés de température depuis les départements du nord jusqu'aux frontières du Sahara, est susceptible de produire toutes les qualités pour suffire surabondamment à l'approvisionnement de la consommation intérieure, sans être obligé d'avoir recours aux tabacs de Salonique, de Pesth, d'Amsterdam, de Brême, etc., ou à ceux du Kentucky, du Maryland et de la Virginie.

Dès lors, au lieu de payer aux autres nations les sommes énormes que nécessitent les achats de la régie, il serait d'une administration sage et vraiment patriotique de tendre surtout au développement et au perfectionnement de la culture indigène, par des prix rémunérateurs et en accordant une plus grande liberté, qui donnât de l'essor à l'industrie nationale.

Dans ces conditions, la régie, au lieu d'étouffer le progrès, s'en ferait au contraire la protectrice ; elle augmenterait les revenus du Trésor et contribuerait pour sa part à la prospérité du pays, surtout si, au lieu de restreindre la production, elle se mettait résolûment à la tête de l'exportation de nos produits, dont 400,000 kilog. à peine sont actuellement vendus par elle à l'extérieur.

Abordons les chiffres et nous verrons la quantité d'argent qui sort du ministère des finances pour payer l'agriculture étrangère, tandis que le cultivateur chez nous, en est réduit aux plus dures extrémités.

En 1869, les quantités reçues *donnant lieu à paiement*, y compris les tabacs d'Algérie, dont la proportion est assez considérable, ont été de. . . . . . . 20,532,609 kilog.

La régie les a payés 16,140,573 fr. 30 c.

De cette somme sont défalqués les frais pour

essais de culture que la régie cumule d'ordinaire avec la valeur des tabacs payés aux planteurs.

Il en résulte que le prix moyen général sur l'ensemble des quantités s'élève à un peu plus de 78 centimes le kilog.

Mais ce taux n'est plus que de 77 centimes et quelques fractions, si nous tenons compte des bottes rejetées par l'expertise et détruites, qui eussent été payées par la contrebande à un prix encore très-rémunérateur et qui pourraient être utilisées soit pour les tabacs de cantine soit pour la pharmacie.

L'ensemble des quantités brûlées, s'élève en effet, pour les départements seulement, — car la culture étant libre en Algérie, la régie ne peut y détruire les tabacs des planteurs, — à 243,889 kil. Il est certain d'ailleurs que la proportion des non-valeurs serait beaucoup plus forte si la liberté de culture n'existait pas dans notre colonie, ce qui abaisserait d'autant plus le taux moyen de la vente des produits indigènes.

Durant cette même année 1869, les tabacs exotiques achetés au commerce et par les consuls, s'élèvent au poids de: 10,896,330 kil., pour lesquels il a été payé: 17,534,978 fr.

Le taux moyen général des prix d'achat pour les tabacs d'importation étrangère est donc de 1 fr. 60 c. le kilog.

Vainement la régie objectera la valeur prétendue supérieure des produits étrangers. Nous l'avons dit plus haut, il n'y a de vraiment supérieurs et même d'indispensables que les tabacs de la Havane ; mais la régie n'en achète guère que 2 à 300,000 kilog.

Nous avons une preuve des plus frappantes de la partialité de l'administration, vis-à-vis les planteurs français, dans le fait de l'annexion de l'Alsace et de la Lorraine.

Avant la perte douloureuse de ces deux provinces, la régie ne payait leurs produits qu'à une moyenne de 70 centimes le kilog. Aujourd'hui, elle achète les mêmes tabacs aux mêmes personnes à une moyenne de 1 fr. 30 c. Serait-ce parce que la politique de M. de Bismark pèse dans la balance ? Et quoique les prix des tabacs lorrains tendent à augmenter, l'administration continuera à les acheter, et les paiera 1 fr. 40 c. et 1 fr. 45 c., et même plus cher, s'il le faut ; et les Alsaciens-Lorrains seront mieux traités sous la verge des Prussiens que sous l'autorité tutélaire de la mère-patrie !

La régie s'excuse et cherche à expliquer sa conduite en prétendant que les frais d'emmagasinage et de manutention auxquels donnent lieu les tabacs français avant d'être rendus propres à être portés aux machines, nécessitent la différence des prix que nous signalons.

Mais cet argument ne soutient pas l'examen, car ceux des Alsaciens-Lorrains sont simplement achetés en bottes comme avant l'annexion, et il en est de même pour les trois quarts des provenances exotiques. Du reste, ces frais de manipulation et d'emmagasinage ne sont pas estimés par la régie à plus de 3 fr. 91 c. par 100 kilog., ce qui est vraiment une bagatelle et ne pourrait, dans aucun cas, justifier l'énorme écart qui existe entre les divers prix.

Les tabacs étrangers jouissent en outre d'un privilége excessif auquel ne peuvent prétendre les nôtres. La régie les achète en effet, soit au commerce, soit par l'intermédiaire des consuls : mais, tandis qu'une commission d'expertise d'une sévérité extraordinaire préside à la livraison des planteurs nationaux, les produits exotiques sont achetés et reçûs sans contrôle, et des qualités, qui auraient été à peine admises en France dans les tabacs non marchands, passent d'emblée dans les premières catégories, et sont payées à des prix exorbitants.

C'est ainsi que les abus une fois établis, rien n'a pu s'opposer à leur développement, et nos planteurs provençaux ont, avec douleur, constaté à Marseille les énormes arrivages des tabacs du Levant, achetés par la régie en 1874. A l'aspect de ces manoques payées

115 fr. les 100 k. et dont un grand nombre étaient de qualité tellement inférieure qu'elles ont pu être comparées par des connaisseurs désintéressés, à cause de leur mauvaise couleur et de leur chétif aspect, aux feuilles de certains arbres (1), ils se sont demandés si la régie n'avait pas deux poids et deux mesures, puisqu'elle accueillait avec faveur des tabacs qu'elle aurait condamnés aux flammes si des planteurs français les avaient présentés à l'expertise.

Cette manière de procéder est d'autant plus inexplicable, que ces achats énormes faits à l'étranger sont formellement contraires à notre législation.

En effet, d'après la loi du 28 avril 1816, « Le directeur général des contributions indirectes (le ministre des finances, d'après la loi du 12 février 1835), doit répartir les quantités de tabacs nécessaires à la régie, de manière à assurer *au moins les cinq sixièmes (les quatre cinquièmes au plus*, d'après la loi du 12 février 1835) des approvisionnements des manufactures royales en tabacs indigènes. »

---

(1) Quelques ballots s'étant ouverts sur le port, à leur vue, des amateurs marseillais s'écrièrent interdits : « *Vé ! ce que nous mandoun per fuma : de fueio de nougvie* !!! » Ce témoignage qui peut paraître à quelques-uns un peu trivial, a, du reste, été confirmé par diverses personnes d'une autorité respectable.

Nous sommes loin de ces mesures de protectionprises par le législateur pour assurer au planteur français le bénéfice d'une culture dont l'établissement du monopole avait gravement compromis la prospérité, et pour le dédommager, en partie, des préjudices causés par l'exercice du nouveau régime.

Du reste, les prix des tabacs exotiques, tendant toujours à s'élever, il est clair que l'intérêt bien compris de l'Etat consiste à favoriser avant tout la production du pays, d'autant plus qu'il pourrait, en achetant presqu'exclusivement des produits indigènes, subvenir à ses propres besoins dans le cas d'une guerre maritime, où le blocus interdirait les approvisionnements à l'extérieur.

Nous laissons le lecteur méditer les chiffres que nous avons mis sous ses yeux; ils sont plus éloquents que tous nos commentaires et feront comprendre l'obligation pressante d'une réforme que nécessitent tout à la fois la justice les intérêts d'une branche importante de la richesse nationale atteinte, dans notre région et surtout, d'un mal progressif et auquel il est temps encore de porter enfin un remède efficace.

III. — La Contrebande.

Nous arrivons enfin au grand grief de l'administration des tabacs contre la culture dans les Bouches-du-Rhône. On accuse notre arrondissement d'être celui de toute la France où se pratique la contrebande la plus effrénée et la régie voudrait que l'on mît un terme à la fraude en faisant de nouveau supprimer l'autorisation de planter.

Examinons donc la question de la contrebande sous toutes ses faces et nous verrons si les plaintes dirigées contre nos cultivateurs ne sont pas de spécieux prétextes plutôt que des arguments appuyés sur de sérieux motifs.

Nous avons déjà dit que le résultat des tracasseries de l'administration avait été de faire abandonner l'industrie des tabacs à presque tous les planteurs de la grande et de la moyenne culture.

On le comprendra sans peine après les chiffres que nous avons publiés.

La détresse de l'agriculture dans ces dernières années est pourtant devenue telle, surtout depuis la perte des vignes par le phylloxera, que le petit cultivateur, afin de pouvoir gagner son pain de chaque jour, a dû continuer la culture coûte que coûte, sauf à lui de prendre les moyens nécessaires pour indemniser ses peines.

Avant que l'administration ne substituât le mille-feuilles au Bas-Rhin, la contrebande se faisait déjà, il est vrai, mais pour des motifs différents de ceux d'à présent.

A l'époque du classement, on coupe sur les plants de tabac les feuilles basses, n'en laissant par tige que de huit à douze des plus élevées devant former la récolte et être toutes portées plus tard à la régie qui en a noté le nombre avec une rigoureuse exactitude (1). Les feuilles basses retranchées sont au contraire détruites par ordre des employés, sur le champ même de culture, et pourtant elle sont en partie nécessaires au planteur.

Ce dernier qui était en effet déchargé au moment de la livraison, d'abord de trois feuilles sur cent pour déchets ou pertes, ne l'est plus, depuis plusieurs années, que dans la proportion du 2 %.

Cependant, malgré tous ses soins, si le planteur le plus soigneux subissait alors — comme du reste l'expérience de chaque jour le prouve surabondamment — plus de 3 % de déchet à cause des manipulations de tout genre auxquelles le tabac est soumis, depuis le moment

_____

(1) La régie ne se contente plus seulement de compter, elle mesure, en outre, très-scrupuleusement les feuilles.

où on l'effeuille jusqu'à celui de l'expertise, et s'il se trouvait en conséquence dans le cas d'une contravention forcée, quelle n'est pas aujourd'hui la situation intolérable qui lui est faite par suite des exigences toujours croissantes de l'administration ?

Les protestations de non-culpabilité sont ici d'ailleurs complétement impuissantes à décharger le cultivateur, hormis le cas de force majeure constaté par une enquête; et dès lors, malgré ses travaux, ses peines et sa sollicitude, ce dernier doit subir la loi fiscale et payer 8 francs par kilog. de feuilles manquantes. Il n'est pas plus heureux si, pour prouver sa bonne foi, il a la naïveté d'apporter les débris qui constituent en poids le manque de feuilles, car il est alors impitoyablement tourné en ridicule, rudoyé comme un homme ne sachant pas son métier et condamné à l'amende pendant qu'on jette son tabac aux flammes.

C'est ainsi que le planteur, pour prévenir cette perte, a été forcé d'avoir des feuilles d'été servant à combler son déficit. Puis quand l'administration ayant découvert ces produits de contrebande dans les manoques l'a frappé de nouvelles amendes, il a dû s'industrier pour trouver d'autres moyens pratiques d'échapper aux rigueurs de la régie.

Mais depuis l'introduction du mille-feuilles

et l'abaissement progressif du prix de vente
des tabacs, la contrebande qui ne se faisait
chez les planteurs sérieux que pour parer au
déficit des déchets, a dû forcément se pratiquer pour trouver une compensation aux pertes désastreuses subies chaque année au moment de la livraison.

Cependant, comme cette pratique désormais
obligatoire d'une contrebande régulière est des
plus dangereuses et peut entraîner des con-
damnations considérables, tous les agriculteurs de quelque importance ont successive-
ment renoncé à la culture qui s'est ainsi
presqu'exclusivement concentrée, par la faute
de l'administration, entre les mains de ceux
que l'état précaire de leur position met dans
l'obligation de courir toutes les chances et de
hasarder toutes les spéculations.

L'administration ne doit donc s'en prendre
qu'à elle-même d'un état de choses qu'elle a
malheureusement rendu nécessaire, mais qu'il
serait facile d'améliorer, non pas en suppri-
mant la culture, ce qui serait ajouter l'injustice à l'injustice, mais en cessant de l'opprimer et en assurant largement au planteur ses
moyens d'existence. Dès lors, on verrait de
nouveau les agriculteurs sérieux faire des
plantations, et la régie pourrait avec l'appro-
bation générale frapper impitoyablement les
contrevenants à la loi.

L'administration se fait d'ailleurs d'étranges illusions relativement à la contrebande en s'imaginant que ce sont les planteurs de l'arrondissement qui inondent le pays de tabacs qui circulent clandestinement.

Toutes les fois qu'une marchandise est surpayée, la conséquence inévitable est qu'il se fait une concurrence frauduleuse à ce produit.

Aussi nos tabacs étant achetés par l'administration à une moyenne de 56 centimes le kilog. pour être revendus à 12 francs, il serait étonnant que personne ne cherchât à s'industrier pour prélever sur les récoltes quelques bottes supplémentaires qui seront payées par la contrebande de 3 à 4 francs le kilog. Mais après tout, n'est-il pas évident que puisque la quantité de tabacs cultivés dans tout l'arrondissement n'est guère que de 100,000 kilog., la contrebande, si forte qu'on la suppose, ne peut pas même être évaluée, vu la surveillance exacte de la régie, à une proportion appréciable, et dès lors, qu'est-ce qu'un produit si minime pour un département comme le nôtre de près de 550,000 habitants, et qui consomme environ 900,000 kilog. de tabac vendus par la régie ?

Ce n'est donc pas la contrebande de nos planteurs qui peut porter un préjudice de quelque importance à l'Etat, mais bien celle qui ne cesse de s'opérer par la mer et dont les proportions sont des plus considérables.

C'est cette dernière seulement qui a une véritable importance et il est prodigieux que la régie n'ait pas de foudres assez terribles pour nos pauvres cultivateurs, tandis que certains établissements se livrent au grand jour à une fabrication scandaleuse et redoutable pour l'Etat.

Qu'on nous donne les raisons d'une partialité aussi criante et qu'on cesse, désormais, d'accuser la culture de notre département. Elle est certes bien innocente de tous les crimes dont on la noircit, et n'a rien à voir dans la vente des produits dont l'administration supérieure lui impute, à tort, d'être la complice.

La meilleure preuve de ceci, c'est que durant la période où la suppression fut en vigueur chez nous, les fabriques de tabac de contrebande ne cessèrent un seul jour de fonctionner en grand et il était tout aussi facile alors qu'aujourd'hui de se procurer à prix réduits des cigares d'Espagne, d'Italie et du Levant dont les feuilles n'avaient certainement pas été récoltées sur le sol de notre contrée.

Bien plus, un fait des plus curieux, c'est que nous sommes envahis par les tabacs de contrebande venant de l'intérieur et qui se vendent à Aix 4 fr. 50 le kilog., tandis que ceux qui proviennent du département ne sont livrés qu'aux prix de 6 francs le kilog.

Si donc la régie, au service de laquelle sont tous les douaniers du littoral, ne peut empêcher le débarquement frauduleux de marchandises prohibées; si même elle n'est pas assez forte pour prévenir la contrebande de l'intérieur, à tel point qu'elle est impuissante à arrêter les tabacs des départements qui s'introduisent chez nous pour faire concurrence à ceux de notre arrondissement, à quel titre vient-elle se plaindre des prétendus excès que les planteurs commettent dans les Bouches-du-Rhône et n'y a t-il pas chez elle un parti pris de dénigrer tout ce qui se passe en Provence?

C'est bien ici le cas de répéter le proverbe de nos pères: « Médecin, guéris-toi toi-même ! » Jamais en effet le bon sens public ne comprendra qu'une administration qui avoue son impuissance à arrêter un mal général, veuille pour prévenir un mal particulier qu'elle a rendu nécessaire par ses propres fautes et ses procédés césariens et antipatriotiques, tarir encore une des dernières ressources qui restent au pauvre pour traverser la crise douloureuse des calamités publiques et des fléaux qui ravagent l'agriculture.

IV. L'école polytechnique et la culture.

Nous avons démontré avec des chiffres irré-fragables combien étaient fondées les plaintes de nos planteurs. Il est difficile de concevoir comment la culture, ainsi atteinte, dans les conditions mêmes de son existence, pourra triompher de tant d'obstacles, surtout lorsqu'on saura que la source de tant de malaises se trouve principalement dans le haut personnel de l'administration des tabacs.

C'est lui qui, se recrutant exclusivement parmi les anciens élèves de l'école polytechnique et, formant une caste à part, qui tient à distance les simples commissionnés issus du surnumérariat, se réserve les emplois lucratifs et veut tout gouverner avec un despotisme absolu.

Il est pourtant certain que des ingénieurs qui passent d'emblée de l'étude des mathématiques transcendantes à la manipulation des feuilles de tabacs, en sauront moins, malgré toute leur science, sur les besoins des planteurs, sur les procédés mécaniques et pratiques de fabrication et sur les encouragements à donner et les améliorations à opérer relativement à la culture indigène, que l'employé intelligent qui a vu de près toutes ces choses

et dont la longue expérience est incontesta-
blement supérieure aux théories des écoles.

Et pourtant les polytechniciens ont une
toute autre opinion de leur mérite et de leur
importance.

Voici en effet le résumé d'un Mémoire ano-
nyme envoyé par les ingénieurs des manufactures de l'Etat au gouvernement et à l'Assemblée nationale en 1871.

Au moment où il s'agissait d'une réorgani-
sation générale des services publics, ces messieurs s'exprimèrent à peu près dans ces ter-
mes :

« Nous ingénieurs des manufactures de
l'Etat, élèves de l'école polytechnique, affir-
mons être *seuls* capables d'occuper les emplois
élevés dans ces établissements, et, pour cela,
nous demandons qu'on nous sépare du ministère des Finances, dont la parcimonie gêne
nos combinaisons et qu'on nous rattache aux
Travaux publics où nous sommes déjà les
maîtres. Nous demandons qu'on chasse, malgré leurs services, les employés commissionnés dont le contrôle nous gêne, qu'on les
chasse comme incapables et comme grevant
le budget de dépenses inutiles. Leur présence
nous embarrasse ; comme ils relèvent uniquement de l'Etat, nous ne pouvons les manipu-
ler à notre volonté ; donc qu'on les chasse. A
leur place nous aurons des hommes venus des

écoles primaires, qui, sous notre main deviendront des ouvriers hors ligne, au point que quelques-uns pourront être élevés à notre hauteur et deviendront ingénieurs. Si nos vœux depuis longtemps exprimés, concluent-ils, sont enfin écoutés, nous réaliserons pour l'Etat d'immenses bénéfices, en diminuant les dépenses et augmentant les recettes. »

Nous ne nous arrêterons pas aux qualifications d'*inutiles* et d'*incapables* données par l'école polytechnique à tous les employés qui ne sont pas ingénieurs. Il est évident pour tout le monde que des jeunes gens qui sont, pour la plupart, bacheliers ès lettres ou bacheliers ès sciences et qui ont subi des examens spéciaux très-difficiles, dirigés par les ingénieurs eux-mêmes, ne peuvent être taxés aussi sévèrement sans la plus flagrante des injustices. Mais il nous importe d'être édifiés sur la prétendue supériorité des élèves de l'école et sur leur argument favori tiré de la diminution des dépenses et de l'augmentation de la recette.

Les ingénieurs, qui dans leurs projets nouveaux se réservent jusqu'aux emplois d'entrepreneurs et de contrôleurs de magasin jusqu'ici dévolus à des agents du service de la culture initiés, par une longue pratique, aux connaissances spéciales et à la science agricole inconnues aux polytechniciens, exposent ce qui suit dans leur Mémoire, pour faire valoir leur supériorité :

« Le personnel (des manufactures) de l'Etat doit pouvoir se prononcer en connaissance de cause sur les qualités et les prix des matières à acheter, sur le choix des terrains et des procédés de culture qui conduiront à l'amélioration des récoltes ; il doit posséder l'aptitude nécessaire pour construire, agencer et outiller les établissements dans lesquels les matières sont entreposées et manutentionnées, améliorer les produits et diminuer la fatigue des travailleurs par la recherche incessante et raisonnée des procédés perfectionnés. Cette tâche multiple exige des connaissances approfondies en chimie agricole et industrielle, en mécanique, dans l'art des constructions, connaissances qu'il n'y a nullement lieu de demander au service financier chargé de réprimer la fraude et de recevoir l'impôt, connaissances qui ont motivé le recrutement à l'école polytechnique des ingénieurs des manufactures de l'Etat. »

Il est, croyons-nous, difficile d'arriver à un plus prétentieux étalage de vaine science et à plus de charlatanisme. Vraiment on serait bien malheureux s'il fallait être ingénieur diplômé par l'Etat pour savoir procéder aux diverses manipulations des feuilles de tabacs qui ne sont autres que celles-ci : *pour le tabac à priser*, hachage grossier, mise en tas pour faire opérer la fermentation, râpage, tamisage, etc.; *pour le tabac à mâcher*, encôtage des feuilles pour leur mise en corde, passage au jus noir, etc.; *pour le tabac à fumer*, mouillage des feuilles avec addition de sel, passage des feuilles hachées finement, dans un torréfacteur, etc.; *pour les cigares*, lavage de quelques heures et séchage incomplet pour permettre à la cigarière de rouler le tabac.

Quant aux prétendus procédés supérieurs, tous ceux qui sont sortis directement du cerveau des ingénieurs de l'école, ont amené à des résultats désastreux pour l'Etat, à tel point qu'on fut même obligé, une certaine année, de jeter une partie des tabacs traités d'après un nouveau système d'emballage préconisé par les ingénieurs, parce qu'ils avaient fermenté et s'étaient pourris.

Du reste, les cigares de la Havane fabriqués dans les manufactures nationales selon les procédés administratifs et mis, à l'étranger, en concurrence avec ceux fabriqués par les autres nations, n'ont pu lutter avec ces derniers après un essai de sept années consécutives, et la régie a dû cesser de passer des traités pour la vente de ses produits.

Les inventions ayant un caractère d'utilité réelle, loin d'être les résultats des opérations mathématiques qui donnent après une lon—

gue recherche l'x des calculs transcendants, émanent, au contraire, de simples employés et souvent ont été dérobés à la contrebande elle-même.

C'est ainsi qu'un contre-maître ayant reçu d'un contrebandier un cigare de cinq centimes qui lui parut excellent, apprit de lui que cette qualité lui venait d'un lavage qu'on faisait subir au tabac avant de l'employer; l'expérience fut faite, et de là vint la fortune de nos *petits Toneins et de nos petits Bordeaux*.

Ainsi, pour conclure avec M. Passy, il n'est pas nécessaire d'être ingénieur pour préparer le tabac, car « la fabrication est très-simple, n'exigeant pas d'art et ne demandant que du soin. »

C'est donc uniquement pour donner à ses ingénieurs des sinécures lucratives, que l'Etat a ouvert aux élèves de l'Ecole polytechnique la carrière des manufactures de tabac.

Mais que ces derniers ne viennent pas prétendre réaliser par l'exclusivisme qu'ils voudraient pousser jusque dans ses dernières limites et par des systèmes de leur invention, « *une économie de 15 à 20 pour cent...*»

Qu'en en juge plutôt par ce qui suit :

L'encombrement des ingénieurs est déjà énorme, car sur seize manufactures on en compte actuellement soixante-dix environ ! Les économies à réaliser ne devraient-elles donc pas se porter, non sur les employés secondaires, mais sur ce surcroît excessif d'ingénieurs, sous-ingénieurs, sous-ingénieurs stagiaires, élèves ingénieurs qui ont à commander dans les cinquante-huit bâtiments industriels à un personnel de QUATRE OU CINQ HOMMES. Quant aux douze ou quinze cents femmes environ qu'emploie chaque établissement pour préparer les *robes* des cigares, rouler ces cigares, balayer les ateliers, etc., ont-elles besoin vraiment de tant de savants pour procéder à des opérations si communes et si vulgaires ?...

Mais si les choses sont déjà dans un si déplorable état, où en arriverait-on si les ingénieurs pouvaient, selon leur vœu, congédier tout le personnel actuel et le remplacer à leur gré par des hommes qui leur seraient entièrement dévoués ?

Ces messieurs de l'école polytechnique se trouvant à l'étroit dans une administration qui laisse tout à la pratique, entreprirent en Algérie, avec l'argent de l'Etat, des essais désastreux pour faire pousser dans des terrains mica-schisteux et potassifères, des tabacs destinés, d'après des méthodes scientifiques spéciales, à devenir les premiers produits du monde. Mais la théorie fut mise en déroute et les plantes desséchées, rachitiques, sans qualité et sans arome, donnèrent des feuilles dont l'emploi fut presque nul.

Battus sur un point qui humiliait leur orgueil, les ingénieurs se lancèrent dans les achats à l'étranger si funestes à la production nationale, et rien ne peut désormais les arrêter sur cette route où paraît les guider l'intérêt personnel.

Leur premier acte fut de faire remplacer, pour les tabacs de la Havane, l'ancien mode d'achats par adjudication établi pour protéger les intérêts du Trésor. Sur leurs instances, une mission permanente de deux ingénieurs, dont le traitement s'élevait de 6 à 10,000 francs, augmenté d'une commission annuelle de 57,000 francs, fut chargée de faire de gré à gré ces achats aux négociants, et depuis lors, dit M. de Janzé : « C'est l'Etat et les consommateurs qui supportent les inconvénients nombreux et nécessaires de ce système. »

« Pour justifier devant la Chambre l'envoi si coûteux de ces deux ingénieurs, on nous dit, raconte M. de Janzé, que des circonstances exceptionnelles avaient seules provoqué cette mesure. Ainsi, alors même qu'on nous demandait d'inscrire au budget de 1869 un crédit supplémentaire pour les missions, on nous affirmait qu'elles avaient été créées uniquement pour obvier aux difficultés temporaires que la guerre d'Amérique apportait à notre approvisionnement. L'on ne craignait pas d'affirmer en même temps que l'administration des finances considérait les adjudications publiques comme sa règle de conduite, et les achats de gré à gré comme une exception justifiée par des faits accidentels. L'on ajoutait qu'en 1865 les huit dixièmes des achats de provenance américaine avaient été faits *par voie d'adjudication*. Or, en considérant le compte-rendu officiel des tabacs pour l'année 1865, on trouve qu'on a acheté pendant cette année pour 25,272,000 francs de tabacs étrangers, dont 11,678,000 francs se rapportent à des achats faits par voie d'adjudication, et 13 MILLIONS 594,000 FR. A CEUX FAITS DE GRÉ A GRÉ; dans cette même somme figure la mission de la Havane pour 6 MILLIONS 400,000 francs. »

Voilà la bonne foi de l'administration sous l'Empire ; depuis lors, elle n'a rien changé à ses procédés, et les achats par adjudication, unique sauvegarde du Trésor, ont fini par être complétement délaissés pour être exclusivement remplacés par le nouveau mode des achats de gré à gré.

Tel est, du reste, l'esprit qui anime le personnel supérieur des manufactures de l'Etat, qu'il ne cesse d'user de toute son influence et de mettre en œuvre tous les moyens pour défendre ses procédés et faire plaider en leur faveur, quelque destructeurs qu'ils soient de la culture indigène.

C'est ainsi que M. Barral lui-même, l'éminent chimiste qui a rendu à la supériorité du tabac de Provence un hommage impartial. cédant sans doute à l'influence d'anciens amis de l'école polytechnique, a entrepris naguère dans l'*Opinion nationale* de mettre l'autorité de sa parole en opposition au vœu formulé par la *Société des Agriculteurs de France*, dans une de ces dernières séances.

L'assemblée générale, « ayant émis le vœu qu'une plus grande part soit faite à l'agriculture française dans la fourniture des tabacs dont l'administration a besoin, et que les règlements de la régie soient amendés dans un sens favorable aux intérêts agricoles, » M. Barral a voulu prouver les sympathies de l'administration pour la culture du pays, en démontrant que le nombre de kilog. récoltés en France dans la période des trente dernières années s'est accru d'une façon considérable. Mais il omet d'ajouter que parallèlement la consommation a augmenté d'une façon prodigieuse; et, si, en pratiquant l'art de grouper les chiffres par périodes d'années, il fait voir que de 1861 à 1869 la régie a acquis les tabacs exotiques dans la proportion de 31 0/0 et les tabacs indigènes dans celle de 60 0/0, il oublie de dire que la quantité des achats à l'étranger, minime au début, va sans cesse en progressant sans limites. D'ailleurs les chiffres qu'il indique, si habilement présentés qu'ils soient, accusent encore une violation formelle de la loi de 1835, laquelle veut que les quatre cinquièmes de l'approvisionnement des manufactures soient faits avec les tabacs du pays.

Mais c'est particulièrement dans les rapports obligatoires de la régie avec les planteurs que l'administration supérieure montre son hostilité pour la culture française. C'est d'elle, en effet, qu'émanent les ordres donnés aux entreposeurs d'être d'une sévérité implacable pour la réception des tabacs, afin de les payer à des prix ridicules. C'est elle encore qui, dans un zèle intempestif, prodigue les avertissements et ne ménage aucune remontrance aux employés subalternes, pour les pousser dans la voie des procès-verbaux à outrance, à tel point qu'on les force à descendre au rôle de « *chiens couchants* » des ingénieurs, comme dit l'argot en usage parmi les commissionnés. C'est elle enfin qui demande sans cesse la suppression de la culture dans les Bouches-du-Rhône, s'appuyant sur des motifs dont nous avons déjà démontré tout au long la complète inanité.

On espère ainsi dégoûter partout les planteurs et les amener par des prix injustes, des vexations incessantes et des amendes ruineuses, à chercher leur repos dans l'abandon des tabacs. Le jour où ce fait se produirait dans tous les départements, l'administration supérieure serait arrivée à ses fins et jouirait de son triomphe, car elle pourrait désormais faire à son aise des achats à l'étranger aussi abondants qu'elle le voudrait, sans être gênée par la production indigène.

Le personnel des ingénieurs n'est donc pas favorable à la culture et, à voir son désir de s'affranchir de la surveillance des employés qui ne sont pas sortis de l'école, les rigueurs de la réglementation qui progressent tous les ans, les ordres donnés pour classer le tabac du pays le plus défavorablement possible, l'impitoyable dureté déployée contre les planteurs, et, par contre, les achats énormes opérés sans contrôle à l'étranger, achats interdits par la loi, quant à leur proportion et au mode nouveau pratiqué pour les transactions, on n'est que trop fondé à dire que la cause principale du dépérissement de la culture, se trouve dans les agissements de l'administration supérieure et que c'est là que l'Etat doit, sans retard, opérer la première réforme.

V. Conclusion.

Le lamentable spectacle de l'état de la culture tel que nous l'avons mis sous les yeux du lecteur est bien propre, croyons-nous, à réveiller l'attention des esprits les plus rebelles et les plus inattentifs.

Ce n'est pourtant point de l'école polytechnique que nous attendons notre secours et nous nous refusons à croire à la conversion des ingénieurs dont un grand nombre, après avoir été simples boursiers de l'Etat, cherchent, dans une position facile et commode, à faire croire au gouvernement qu'il faut du génie pour fabriquer un cigare et pour opérer des achats à l'étranger qui n'ont plus la garantie des adjudications publiques. Nous savons d'avance qu'ils fermeront obstinément leurs oreilles aux réclamations les plus justes : ils ont pour cela de trop bonnes raisons et possèdent d'ailleurs trop l'habitude de pratiquer l'art de gazer les situations pour que nos populations ne soient point persuadées que de ce côté encore,

« La raison du plus fort est toujours la meilleure. »

On l'a bien vu par l'exposé succint et ra-

pide que nous avons fait de toutes les mesures
arbitraires et injustes, de toutes les pratiques
antilégales et antipatriotiques qui se commettent à l'ombre inviolable et sacrée d'une grande
chose qui a pour sauvegarde et pour appui la
fiscalité, les huissiers et la prison, et qui a nom
la *centralisation*. Toucher à ce dieu Moloch des
temps modernes, peut paraître aux yeux de
quelques-uns un crime de lèse-majesté, surtout s'ils espèrent partager avec les prêtres de
l'idole les dépouilles de l'autel.

Quant à nous, nous avons cru qu'il était de
notre devoir de signaler au gouvernement et
à l'opinion publique, les vices nombreux de
l'administration des manufactures de l'Etat,
et de protester en notre nom personnel et en
celui des populations agricoles qui ont mis en
nous leur confiance, contre les abus de toute
sorte qui menacent d'une ruine totale la culture du tabac en France.

Ces abus sont si nombreux, que nous n'avons
fait qu'effleurer les principaux. Il faut cependant que le lecteur sache encore qu'au moment
même où l'administration supérieure parlait
de supprimer la culture dans les Bouches-du-
Rhône, elle étendait, pour remplacer les pertes subies par la conquête prussienne, la permission de planter au Puy-de-Dôme et à l'Isère.

Ce n'est point nous qui nous plaindrons de
cette liberté accordée aux autres et que nous

sollicitons pour nous-mêmes. Mais nous voulons prévenir les esprits qui pourraient voir dans cette générosité un accès de zèle et de désintéressement administratif envers les populations des campagnes. Ceci n'est du reste pas une supposition gratuite, puisque M. Barral s'est servi de cet argument dans l'*Opinion Nationale*, afin de justifier l'administration des tabacs des reproches qui lui sont adressés.

Mais il ne suffit pas de jeter de la poudre d'or aux yeux du public et surtout du gouvernement. La régie ne prouvera sa véritable sympathie pour le planteur indigène, qu'en réformant les abus excessifs que nous avons signalés et qui soulèvent d'un bout de la France à l'autre un cri de légitime indignation.

Est-il juste d'enlever à la Provence la spécialité du tabac à priser qu'elle a cultivé durant des siècles avec un succès assuré et de prétendre aujourd'hui la priver de toute culture parce qu'un caprice administratif a taxé d'infériorité, en dépit des témoignages les plus compétents, les espèces qu'on lui a imposées? Est-il juste de classer nos produits, supérieurs à la moyenne de tous les tabacs, au-dessous de tous les tabacs français qui sont déjà payés à peu près partout à des prix dérisoires? Est-il juste que l'administration supérieure abuse de son autorité au point d'ordonner à l'entreposeur du magasin de peser sur la décision de la commission d'expertise, dans le but de faire déprécier la récolte, selon la fantaisie d'un ingénieur en chef? Est-il juste de maintenir la formation de cette commission d'expertise selon le mode actuel, qui a pour effet d'entraver la liberté des experts et de leur imposer un système de classification dont nous avons signalé l'absurdité? Est-il juste et convenable de maintenir les achats à l'étranger, pratiqués au mépris de toutes les lois et de manière à ruiner la culture indigène pour tolérer des abus au détriment du Trésor, des contribuables, du planteur et du consommateur? Enfin, de quel droit une caste d'ingénieurs diplômés aurait-elle seule le privilége de parvenir de plein pied aux positions lucratives d'une administration et d'exclure de l'avancement tous les commissionnés non issus de l'école polytechnique, sous le vain prétexte de raison d'incapacité et de nécessités scientifiques, qui en couvrent d'autres qu'on ne peut avouer en public ?

Serait-ce enfin parce qu'à la maladie jusque là inconnue de l'oïdium, qui a inauguré la détresse agricole, ont succédé en quelques années, avec une vertigineuse rapidité, tous les fléaux du ciel qui se sont abattus presqu'à la fois sur nos campagnes désolées : la maladie des pommes de terre, la perte des chardons à foulon, la dépréciation des garances, l'avilis-

sement du prix des laines, le noir de l'olivier,
la destruction des vers à soie, les gelées tar-
dives, la sécheresse la plus incroyable, la dé-
sertion des bras vers les grandes villes, le
prix toujours croissant de la main-d'œuvre,
et par-dessus tout le phylloxera qui à lui seul
a accumulé en peu de temps plus de ravages
que tous les autres fléaux réunis. Serait-ce
parce que toutes ces calamités et bien d'autres
que nous omettons, telles que l'augmentation
de certains impôts, qui pèsent exclusivement
sur la propriété foncière, ont frappé à la fois
l'agriculture et les populations rurales, que
l'administration des tabacs veut intervenir à
son tour, pour ajouter un nouveau degré à la
misère générale?

Les prôneurs de systèmes ne sont donc point
au bout du vain étalage de leur charlatanisme,
et sous une ère de République, le peuple est
vraiment entre leurs mains imposables à merci
dans une proportion qui ne s'est jamais vue
dans l'histoire, puisque tout était libre jadis
et qu'aujourd'hni, à la détresse publique, se
joignent les tracasseries administratives qui
achèvent d'étouffer la vie partout oùelle végète
encore!

Il ne faut point que le Gouvernement oublie
que ce sont les populations agricoles qui sont
la base même de notre société; et, quand ces
honnêtes et paisibles habitants de nos campa-

gnes ont payé l'impôt foncier, l'impôt des successions, l'impôt sur les ventes, l'impôt des vins et des alcools, l'impôt des huiles, l'impôt de l'octroi, presque tous doublés par les centimes additionnels et les doubles décimes, et par-dessus toutes ces taxes formidables, acquittées fidèlement, malgré les déficits, les fléaux de toute nature et les déconvenues de toute sorte, l'impôt du sang qui, à lui seul, suffit pour ruiner tant de familles de travailleurs, où la perte d'un fils est souvent le principe de la misère ; quand, disons-nous, ils ont fait toutes ces choses au prix de mille labeurs et de mille sacrifices, n'est-il pas équitable qu'on protège leurs intérêts, qui sont les intérêts même de l'Etat, et qu'on ne les laisse pas opprimer impunément par une administration dont le souci principal est loin d'être la prospérité de la richesse nationale?

Par une époque de crise violente comme celle que nous traversons, loin d'entraver la culture et de vouloir la supprimer, ce serait au contraire le vrai moment de lui donner une impulsion nouvelle, en étendant le nombre d'hectares concédés aux plantations. Depuis la guerre, la quantité de demandes pour les terrains à mettre en culture, a toujours été en progressant dans notre arrondissement, parce que la misère est plus forte que dans aucun autre temps; mais la régie, loin d'accueillir ces requêtes, était décidée à retirer la permission générale de planter ; et, sans l'intervention d'hommes dévoués et désintéressés, le fait de la suppression serait sans doute actuellement accompli dans les Bouches-du-Rhône.

Les planteurs du département repoussent donc énergiquement toutes les accusations que la malveillance et les passions ont pu, à tort, diriger contre eux.

Ils nient spécialement toute participation à la contrebande qui se fait par mer, sur une vaste échelle, dans les environs de Marseille, et si la régie n'a pu encore en atténuer les effets, ils protestent de toutes leurs forces contre les reproches d'une administration qui voudrait en faire retomber la responsabilité sur eux.

Ils représentent enfin que le seul moyen de rendre à la culture du tabac la prospérité des anciens temps et de lui imprimer une impulsion nouvelle, serait de proclamer la liberté générale de la culture. L'Etat n'y perdrait rien, car le Trésor, par des mesures fiscales spéciales, ferait entrer dans ses caisses autant et plus d'argent qu'aujourd'hui, en percevant un droit fixe sur tous les produits vendus à l'intérieur qui s'accroîtraient encore d'une exportation opérée sur une vaste échelle. Des règlements sages et protecteurs frapperaient d'une taxe proportionnelle les tabacs étrangers, et les autres nations redeviendraient, comme par le passé, tributaires des produits français bien supérieurs à ceux d'Allemagne qui encombrent actuellement les marchés de l'Europe.

En attendant ils demandent dans l'intérêt général : 1° la révision des règlements administratifs, particulièrement en ce qui concerne le haut personnel dirigeant pour faire cesser l'exclusivisme fatal de l'Ecole polytechnique; 2° la restriction des achats à l'étranger, pour lesquels les adjudications publiques doivent être remises en vigueur et une extension plus grande pour la culture indigène; 3° la révision du mode de nomination de la commission d'expertise, dont les membres représentant les planteurs, devraient être élus par les planteurs eux-mêmes; 4° la révision du règlement, en ce qui touche à la formation des échantillons types, pour amener une expertise plus équitable et des prix rémunérateurs; 5° enfin ils réclament que le mandat de la commission, chargée à la fin de chaque exercice d'arrêter à la préfecture le règlement de culture de l'année suivante, ne soit pas une fonction illusoire et que l'autorité prenne des mesures pour sauvegarder les intérêts des planteurs contre les empiétements de la régie.

En ce qui concerne plus spécialement le

département des Bouches-du-Rhône, ils demandent : 1° l'autorisation de planter le tabac pour la poudre ; 2° l'extension de la culture sur un plus grand nombre d'hectares.

Une pareille requête n'est point exagérée ; l'Etat comme les planteurs y trouveront leur profit. Nous avons donc la confiance que l'heure n'est point éloignée où la vérité se fera enfin jour et où la justice assurera les droits de tous, en faisant cesser les abus d'un despotisme aussi odieux que rigoureux et oppressif.

Aix. — Imprimerie J. Nicot, Cours, 55. — 5482.

TABLE

Préface de la deuxième édition.   3

Avant-Propos.   5

I. Historique de la Culture du Tabac en France.   7

II. La Culture et le Monopole.   11

III. La Contrebande.   37

IV. L'École polytechnique et la Culture.   44

V. Conclusion.   56